難しい数式は
まったくわかりませんが、

確率

統計

を教えてください！

教育系YouTuber ヨビノリたくみ

はじめに

　数学が得意ではない人に向けて、数学や物理に関するテーマを中学数学レベルで、しかも、たった60分で解説する本シリーズも、気づけば3作目となりました。

　嬉しいことに、第1弾の微分積分、第2弾の相対性理論ともに、「こんなにシンプルで、面白い話だったんだ！」という声をたくさんいただいています。

　そして今回、3作目のテーマに選んだのは、確率・統計です。

　微分積分や相対性理論と比べると、確率・統計は、私たちの日常生活や仕事にすぐに役立つ学問といえます。個人的には、ビジネスパーソンの方々にとっては、必須教養だとさえ思っています。

　たとえば、現在、ITの進化により、世の中は情報で溢れかえっています。信頼性という点においては、まさに玉石混交ですが、確率・統計の知識があれば、世の中に出回っている情報の中から、"ウソ"の情報をきちんと見抜けるようになります。

　また、日常生活や仕事において、私たちはたくさんの「意思決定」をしています。

意思決定をするとき、自分の"感覚"だけを頼りにしているという人は、けっこう多いのではないでしょうか。

　ところが、確率・統計を学ぶと、じつは自分の"感覚"というのは、まったく当てにならないことがわかります。

　このように、実生活でめちゃくちゃ役立つ学問ではあるものの、確率・統計に対して、「専門知識がないと、理解できない」「複雑な計算式を駆使しなければならない」というイメージを持って敬遠している人が多いようです。

　でも、そんな心配はまったく無用です。本シリーズでは、すっかりお馴染みになりましたが、今回も、数学が苦手な社会人に行った授業をもとに制作しています。

　私たちの身近な例を取り上げながら、簡単な足し算やかけ算だけで、確率・統計の本質がスッキリ理解できるように解説しています。

　きっと、「こんな確率・統計の授業は受けたことがない！」と、思ってもらえるような内容になっているはずです。

　本書を通じて、1人でも多くの方の「理系脳」を開花させることができたら幸いです。

ヨビノリたくみ

難しい数式は
まったくわかりませんが、
確率・統計を
教えてください！

もくじ

CONTENTS

第 1 章　確率とは何か？

第 2 章 統計とは何か？

登場人物紹介

⬚ たくみ先生

人気急上昇中の教育系 YouTuber として注目を集める数学講師。大学生や受験生から「たくみ先生の授業はとにかくわかりやすくて面白い！」と好評を博している。

⬚ エリ

メーカーの営業職で働く 20 代の女性。自他ともに認めるド文系で、学生時代は数学のテストでたびたび0点をとるほどの数式オンチ。たくみ先生による『微分積分』や『相対性理論』の授業を受け、少しだけ理系アレルギーが緩和されてきている。

HOME ROOM

1

確率・統計は、ビジネスパーソンの必須科目！

■ 「確率・統計」って、何をするの？

 エリさん、お久しぶりです。

今回は、数学の中でも「確率・統計」について授業をしたいと思います。

エリさんは、「確率・統計」について、どのようなイメージを持っていますか？

 確率は聞き慣れた言葉ですし、なんとなく意味はわかっています。

でも、統計のほうは、ニュースなどでたまに聞くくらいで、意味もよくわからないです……。一般人の私にも役に立つんでしょうか？

 確率・統計は、文字通り「確率」と「統計」という、2

つの数学の単元を合わせた言葉です。

この2つの共通項をあえてひと言でいうならば、**「不確実なもの」を扱う学問**だといえます。

 不確実なものを扱う学問……？

 「不確実なもの」を考えていくのが、確率・統計

 世の中って、よくわからないことだらけですよね。特に、未来に関することで、確実にわかることなんてほぼありません。

 確実じゃない……。たしかに、未来に「絶対」はないですよね。

 はい、未来は基本的に「不確実」です。そういうものに対して「わからないからあきらめよう」とするか、「わからないなりに考えよう」とするかで、大きな差が出てしまいます。

 人間、努力が大切ですよね！

その通りです！　この「わからないなりに考えよう」という立場で、偶然のように見えるものに対して数学で考えていこう、というアプローチをとるのが、確率・統計なんです。

⬝ 確率・統計を「中学数学」で学び直そう！

なるほど。未来のことを考えるか……。なんだかとても難しそうですね……。

大丈夫ですよ！
カンタンな足し算や掛け算を応用するだけで、確率・統計の基本的な部分はほぼ理解することができます。

そ、それなら私でもできるかも……。なんだかちょっと、興味がわいてきました！

確率・統計を学ぶと、「良い意思決定」ができる

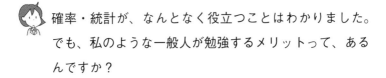

■ 確率・統計は、ビジネスにも役立つ！

 確率・統計が、なんとなく役立つことはわかりました。でも、私のような一般人が勉強するメリットって、あるんですか？

 控えめにいって、**メチャメチャあります！**

 でも私、普通の会社員ですよ？

 ビジネスパーソンという観点でお話しすると、まず、確率・統計は「**良い意思決定**」をするのに役立ちます。

 意識高い系のビジネス書みたいな単語が出てきた（汗）。

カッコイイでしょう（笑）。たとえば、会社である事業にお金を出す場合、「よくわからないけど儲かりそうだから」という理由で、気軽に新事業に手を出すような会社は、ちょっと危ないですよね。

うちの会社、だいたいそんな感じです（汗）。

すぐに転職しましょう（笑）。健全な会社は、**「どれぐらいの確率で成功し、どれぐらいの見返りがあるか」**という観点で事業を進めます。

そういう会社、すごくカッコイイですね！

こういう会社が「普通」です（笑）。
このように、将来について考えることで、できるだけ良い決定をしていくことができる、というのが、確率・統計を勉強する最大のメリットです。これから、具体例を出しながら紹介しますね。

確率・統計を学ぶと 「社会のウソ」を見抜ける

■ 確率・統計が見破る「社会のウソ」とは？

 確率・統計を学ぶもう1つのメリットは、**「世の中のウソに騙されなくなる」**です。

 ……世の中のウソ？

 簡単な例を挙げましょう。
ある学習塾の合格者の「数」が、前年と比べて2倍になっていたとします。エリさんは、その学習塾の質が上がったと思いますか？

 そりゃあ、合格者が増えたということは、質が上がったということなんじゃないですか？　教え方がものすごく良くなったとか……。

じつは、合格者の「数」だけでは、そうは言い切れないんです。その学習塾の生徒の数も2倍になっていたとしたら、その学習塾に通って志望校に合格している人の割合は変わらないからです。

あっ、たしかに……！　騙されるところでした（汗）。

これはかなり極端な例ですが、ものすごく少ないデータだけを見せたり、意図的に都合の悪いデータをふせたりして、都合の良いことをいうようなケースは数多くあります。

いわれてみれば、そういうケースって多いですね！

こういったウソに騙されてしまう人は、確率や統計に対する知識や、正確なデータの見方が不足していることが多いです。

■ 確率・統計で、「奇跡」を見破る

確率・統計って、ウソを見破れる科目なんですね！　す

ごくためになりそう!

 確率・統計を勉強すると「運命」とか「奇跡」などのような言葉にも敏感になります。

 運命や奇跡も、確率・統計に関係があるんですか?

 たとえば、エリさんは、学生の頃に同じ誕生日のクラスメイトはいましたか?

 えーっと……。私ではないですが、クラスの友達同士で誕生日が同じ子がいました。

 そういうことがあると、「これは運命だ!」と思ったりしますよね。男女のペアだったら、周囲から「付き合っちゃえよ!」みたいに冷やかされたりとか。

 ありがちですね、そういうの!

 でもじつは、そのクラスに23人以上の生徒がいたら、50%以上の確率で、同じ誕生日の人がいる計算になります。

えっ!?　2クラスのうち1クラスは、誕生日が同じ子がいても不思議じゃないんですか!?

計算上は、たしかにそうなるんですよ。たとえば5人くらいの小さなグループでも、3%くらいの確率で同じ誕生日の人がいます。

たったの5人で、3%もあるんですか!!

70人程度のグループになると、確率は99%を超えます。

それってもはや、運命じゃないですね……（汗）。

クラスの中に同じ誕生日の人がいること自体は、それほど取り立てて珍しいことではないというわけです。

　　　　日常の「奇跡」を正しく読み取れる

もし自分と同じ誕生日の子がイケメンで、「僕たち運命のペアだね」なんていわれちゃったら、もう信じてしまいますよね……。

エリさんならイチコロかもしれないですね（笑）。このように、確率を正しく計算すると、自分の直感と大きくズレることが、じつは世の中にはたくさんあります。

たしかに、目線が少し変わったような気がします……。

確率・統計を学ぶことで、今のエリさんのように、日常にある「奇跡」を、きちんと計算して正しく理解することができるのです。

HOME ROOM

4

統計を使うと、
「説得力」が格段に上がる！

■ 統計学は、社会を変えられる

 確率って、いろいろなところで使えるんですね。……で
は、「統計」を学ぶメリットは何でしょうか？

 社会の中では今や必須となっており、実際に多くの業界
で役立っています。

 ……社会の役に立つ？

 統計学は、17世紀頃、イギリス人のジョン・グラント
という人が始めたといわれています。彼は、ロンドンの
教会にあった死亡記録を分析して、死者の特徴や生活環
境から「市民の死亡しやすさ」についての論文を発表し、
当時の政治に大きな影響を与えました。

17世紀というと、1600年代ですね。そんなに昔からある学問なんですね……。

▫ 「白衣の天使」は、じつは統計学者だった！

 他にも有名な例でいうと、19世紀のクリミア戦争で活躍したナイチンゲールも、統計学者として有名です。

 えぇっ⁉ ナイチンゲールって、あの「白衣の天使」として有名な看護師さんですよね？

 一般に、ナイチンゲールといったら、「戦争で大勢の兵士を癒した献身的な看護師」というイメージですよね。

 私も、まさにそういうイメージを持っています。

 もちろん、献身的な看護師だったことは間違いありません。でも、彼女が評価された最も大きな理由は、医療の世界に本格的な統計学を持ち込んだ、初めての人だったからです。

えぇー！　ナイチンゲールって、学者さんだったんですか？

● 1人の看護師が、統計学で社会を変えた

 彼女は、裕福な家庭に生まれ、語学も堪能で、非常に高い教育を受けた人でした。
当時、戦地で負傷した兵士が収容された病院に着任したナイチンゲールは、その病院が非常に不衛生な環境だったことに抗議し、衛生環境を改善させました。これにより、実際に死者数を激減させることに成功したんです。

 すごい……、まさに偉人ですね。でも、そこでどうして統計が出てくるんですか？

 当時の看護師の立場は非常に弱かったので、なかなか話を聞いてくれる人はいませんでした。しかし、彼女は膨大なデータを分析して「兵士の死因の多くが、病院の衛生環境が原因だった」ということを、統計資料として数字で示しました。数字で出されると、対応せざるを得ないですよね。

それが、社会に評価されたんですね……。

その通りです。当時のイギリスでも、女性や看護師の地位は現在よりずっと低かったと考えられます。
統計学による「数字の力」が、どれほどの説得力を持っていたかがわかる例ですよね。

統計って、人を説得するための武器になるんですね!

HOME ROOM
5

統計を学ぶと、
「データの使い方」が
マスターできる！

▫ 確率・統計は「情報社会」での必須スキル！

 「データがこうなっている」と数字でいわれてしまうと、
「そうなんだ！」と思ってしまいますよね。

 そうですよね。人に話をするとき、統計学を使うことで、
説得力が劇的に高まります。
その一方で、データの扱いは非常に難しい面もあります。
現在はIT技術の発達により、膨大な情報が簡単に取得で
きる時代です。たくさんのデータがあると、データの切
り抜き方次第で、まったくのウソのような話もつくり上
げることができてしまいます。

 先ほどの学習塾の例ですよね。

学習塾の話では、「生徒の総数」を無視して合格者数だけを見せることで、成績が上がっているように見せていました。
統計の数字というのは、**切り取り方でまったく信憑性がない情報をつくり上げることができます。**

 便利な反面、怖い部分もあるんですね。

 私の体感だと、ネット記事のほとんどで「データの切り取り方問題」が発生しています。

 えぇー！　ほとんどですか!?

 テレビのニュースや新聞に掲載された記事でも、やはり最後は自分で「どれが本当なんだろう」と考えることが大切です。

 人間の使い方次第で、役に立ったりインチキができたりしてしまうんですね……。

- ビジネスマンとしてのリテラシーが身につく!

 その通りです。特に、現在のように社会に情報が溢れている時代においては、信憑性の低い情報も溢れています。確率・統計をしっかり学ぶことで、成功しやすい意思決定をしたり、有益な情報を短時間で嗅ぎ分けたり、とビジネスパーソンとしてのリテラシーを身につけられるのです。

 確率・統計って、すごくカッコイイ科目なんですね!たくみ先生、今回もよろしくお願いします!

第 **1** 章

確率とは何か？

確率とは
「ある事象の
起こりやすさ」のこと

■ 「確率」って、何のこと？

 ではまず、確率の基本から始めましょう！ エリさんも学校で習ったと思うのですが、ちゃんと覚えていますか？

 それは、まあなんとなく……。何かが10回中1回できたら、10％ってやつですよね？

 おお！ だいたいそんな感じです！

 さすがにそれくらいは私でもわかりますよ（笑）！

 今エリさんが話したことをもっと数学的に表現してみましょう。

確率とは、ある事象（出来事）の起こりやすさの度合い

 なんだかちょっと難しいです！

 エリさん、落ち着いてよく読んでみてください（笑）。そんなに難しいことは書いていないですよ。

 す、すみません（笑）。だって、普通の日本語っぽくない表現なので思わず……。

 ほんの少しだけ言い換えてみると、次のようになります。

「ある事象（出来事）の起こりやすさ」を"確率"と呼ぶ

■ ある出来事の「起こりやすさ」

 わかったような気がします！

 この「事象Aが起きる確率」をP(A)と表しましょう。

 うわっ！　また難しそうな記号が……。

 一見難しく見えてしまうのですが、この「P」とは、英単語の「Probability（確率）」の頭文字、というだけです。

 そうなんだ……。「Pが頭文字」というのがわかれば、少しはハードルが下がる気がしますね！

 次は、確率の計算方法を見てみましょう！

LESSON

2

確率を
計算してみよう！

⊡ コインで「裏」が出る確率は？

 「確率」という言葉の意味は、何となくわかりました。
でも、計算方法は……、やっぱり難しいのでしょうか？

 計算自体は、それほど難しくはありませんよ。
確率の計算は、次の割り算で計算することができます。

$$P(A) = \frac{\text{事象Aの起こる場合の数}}{\text{起こりうるすべての場合の数}}$$

 たくみ先生……。

 はい、ちょっと難しく見えてしまうので、簡単なコイン

トスの例で考えてみましょう。

「コインを投げて、裏が出るか表が出るか」という場合ですね。

そうです。
コイントスでは、「表」か「裏」か、2パターンの出来事がありますよね。
コイントスの場合、この「2パターンの出来事」がすべてです。

コインを投げたら、表か裏か、2つに1つですもんね。「コインが立っちゃう」なんてことは……。

「コインを投げてコインが立っちゃう」なんてことは、YouTubeに投稿できるレベルのレアケースなので、ここでは考えないようにしましょう（笑）。

ですよね……（笑）。

確率では、この「出来事の数」を「場合の数」と表現しますが、コイントスの場合は「場合の数が2通り」存在

します。つまり、次のことがいえます。

「コイントス」で起こりうるすべての場合の数
　＝裏の場合と、表の場合の2パターン
　＝2

 コイントスの場合、**裏か表か、2つに1つ**ですからね！

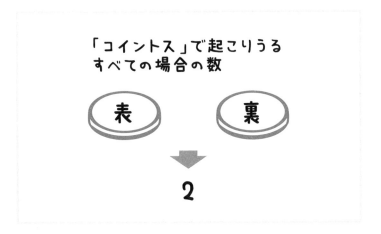

「コイントス」で起こりうる
すべての場合の数

表　　　裏

↓

2

 エリさん、「2つに1つ」とは、いいところに気づきましたね！

35

コイントスで「裏が出る」場合は、このうちの1つの場合しかありません。つまり、

事象Ａ（裏が出る）の起こる場合の数
＝ 1

ということができます。

 ということは……、後は式に当てはめればいいわけですね！

 その通りです！
式に当てはめると、次のようになります。

$$P(A) = \frac{\text{事象Aの起こる場合の数}}{\text{起こりうるすべての場合の数}}$$
$$= \frac{1}{2}$$

つまり確率は $\frac{1}{2}$ となり、これは「2回に1回ぐらい起きること」であると考えられます。

一見難しそうですが、順番通りに進めていくと、普通の計算で解けますね！

■ サイコロで「1の目」が出る確率は？

同じように、サイコロの場合で考えてみましょう。この場合の「起こりうるすべての場合の数」は、なんでしょうか？

えーっと……？

サイコロの場合は、1、2、3、4、5、6と、それぞれの目が出る場合があります。つまり、それぞれの場合の合計が「すべての場合の数」となります。

ということは、サイコロの目は、1～6までの数が出るので、「すべての場合の数」は6ですか？

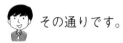 その通りです。

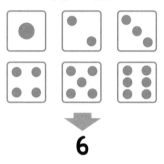

 では、その中で「2の目が出る」場合は何個ありますか？

 2の目が出るのは、2の目のときだけだから……1つだけ
ですよね？

 そうです。
そのため、「2の目が出る場合の数」は「1」となります。
これを、確率の式に当てはめてみましょう。

$$P(A) = \frac{\text{事象Aの起こる場合の数}}{\text{起こりうるすべての場合の数}}$$
$$= \frac{1}{6}$$

つまり、サイコロで2の目が出る確率は、$\frac{1}{6}$ となるわけですね！

確率の計算方法は、これですべてです。「起こりうるすべての場合の数」と「事象Aの起きる場合の数」を計算して、割り算するだけですね。

言葉にするとちょっと難しいですが、だいたいつかめてきました！
これで、確率の授業は終わりですか？

じつは、まだ注意しないといけないことがあります。
それが、「場合の数」の数え方です。

LESSON

③

確率のポイントは
「同様に確からしい」かどうか

・「同様に確からしい」とは？

 たくみ先生、場合の数の計算で注意しないといけないことってどういう意味ですか？

 「場合の数」は、それが何パターンの場合があるかを数えることで求められました。
しかしじつは、先ほどのコインやサイコロの場合、それぞれの事象は「同様に確からしい」ものだったのです。

 同様に確からしい……？

 これはけっこうややこしい単語で、数学が得意な人でも正しく理解していない場合があります。

ひー！　そんなの私にわかるのかなぁ（汗）。

 ていねいに説明するので大丈夫ですよ！　それに、とても大事な話なんです。

たとえば、コインの場合を考えてみましょう。

先ほどは確率の計算でやりましたが、コイントスをしたら、普通は裏か表かの2通りだけですよね。

 はい、どちらかが出ますよね。

 「同様に確からしい」とは、この**「裏と表の出る割合」がどちらも同じ**という意味です。

 「出る確率が同じ」という意味ですか？

 気持ち的にはそうなんですが、「確率」の定義の話をしているときに「確率」という言葉を使いたくないのでこう表現していると思ってください。

 うーん。こだわりがあるんですね。それで「同様に確からしい」かどうかが、なぜそんなに大事なんですか？

「同様に確からしくない」ものをそのまま数えると、誤った確率を出してしまうことがあるからです。次の項目で説明しますね！

LESSON 4

「同様に確からしくない」
場合はどうすればいい？

▫ 「偶数の目」が出る確率の計算方法

 では、今度は「同様に確からしくない」場合について考えてみましょう。

 簡単にいうと、「コインの裏と表が同じ割合で出ない」ということですよね……？

 そうですね。ここではわかりやすくするために、サイコロで考えてみましょう。
まず、「偶数の目」が出る確率を計算します。

 ええと、まずは「すべての場合の数」は、さっきと同じように「6」ですよね？

その通りです。しかし今回は「偶数の目が出る」という
事象を数えるので、2、4、6の3パターンを数えること
になります。

つまり、計算式はこんな感じですか？

$$P(A) = \frac{3}{6} = \frac{1}{2}$$

エリさん、すばらしいですね！　その通りです。

■　もし「同じ目」のあるサイコロがあったら？

でも、この計算は「同様に確からしい場合」の話ですよね。

鋭い指摘です。
これは「同様に確からしい場合」の計算です。
では、サイコロの目が「同様に確からしくない場合」を
考えていきましょう。

「同様に確からしくないサイコロ」って、どういうものですか？

たとえば、次の図のようなサイコロの場合です。

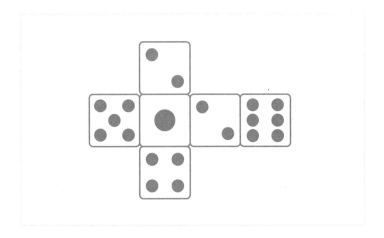

このような図のことを展開図といいます。

このサイコロには3の目がなく、その代わりに2の目が2つあります。

「3が出ないサイコロ」というわけか……。

では、この場合に「偶数の目」が出る確率は、どのよう

45

に計算すればよいでしょうか?

 まず、「すべての場合の数」は、1、2、4、5、6の5通り
ですよね。それから、偶数の目が出るのは、2、4、6なので、
3通り……。

 はい、ここが間違えやすいポイントです!

「同様に確からしい場合の数」をカウントする

 このサイコロは「2の目」が出る割合が多いため、**「出
る目の数字は、同様に確からしくない」**ということがで
きます。

 イカサマに使えそうなサイコロですよね……。

 確率の計算をする場合、「同様に確からしいものの場合
の数」を数えることで正しい値を出すことができます。

 同様に確からしい場合?
でも、これは「同様に確からしくないサイコロ」なんで

すよね？

 たとえば、出る目の数をこのように表現すると、それぞれの出る目が「同様に確からしい」といえます。

【3の目が2の目になっているサイコロの目】
1、2（5の裏）、2（4の裏）、4、5、6

このように、一見同じ「2の目」でも、区別してカウントすれば、それぞれの出る目は「同様に確からしい」ですよね。

 2（5の裏）と、2（4の裏）……。同じ2でも、別々にカウントすればいいわけですね！

 サイコロは、先ほどの図のように6つの面があって、振る度にどれか1つの面が上になります。

少なくとも、どの面が上になるかは、普通のサイコロと変わらず「同様に確からしい」といえます。

そのため、同じ2でも、「5の裏の2」と、「4の裏の2」は

別の面とすれば、出る割合が同じと考えられるわけです。

なるほど……。
すると、計算はどのようになるんですか？

すべての場合の数が6になり、偶数の目は「2（5の裏）、2（4の裏）、4、6」の4通りの場合が存在するので、次のようになります。

$$P(A) = \frac{4}{6} = \frac{2}{3}$$

「同様に確からしい場合でカウントする」というのが、大きなポイントなんですね！

▫ 芸能人が売れる確率は？

「同様に確からしくない場合」の面白い例として、「芸能人が売れるかどうか」という問題について考えてみましょう。

これも、「売れるか、売れないか」の2つに1つですよね。

 一見すると、そのように見えてしまいます。
しかし、売れる確率が $\frac{1}{2}$ かというと、そんなことはありませんよね。

 たしかに！
$\frac{1}{2}$ で売れるなら、私でもワンチャン狙っちゃいます（笑）。

 割合を比べると、圧倒的に「売れない」人の数が多いですよね。

 つまり、「売れる」か「売れない」かは、「同様に確からしくない」といえるわけですね？

 その通りです！
割合が違うものを同列にカウントするのは、**同様に確からしくない数え方**になってしまうんです。
この芸能人の例のように、「あれ？　こういうのはそのまま数えていいんだろうか？」という感覚をつねに頭に入れておきましょう。

「それぞれの割合が全部同じかな？」って確認するわけですね。

そうです。これが「同様に確からしい」という感覚なんです。

LESSON

5

「くじ引き」は、
先と後、どちらが有利？

▣ 「くじ引き」で当たる確率は？

 「同様に確からしい」かどうかが、確率の計算のポイントになることが理解できたと思います。

 数え方を少しでも間違えると、まったく違う答えになってしまうんですよね……。

 次は、この「カウント方法」に関する問題を考えたいと思います。
エリさん、「くじ引き」は好きですか？

 くじ引きですか？
ちょっと前までは、デパートや商店街などでよくやっていました！ ワクワクしますよね！

コンビニなどでも、くじを引いて商品が当たるものがあ
りますよね。今回は、この場合の確率を考えていきたい
と思います。

まず、5枚のくじが箱に入っているとします。「当たり」
が1枚で、その他は「ハズレ」です。今から、A君とB君
の2人が、順番に箱に手を入れてくじを引きます。

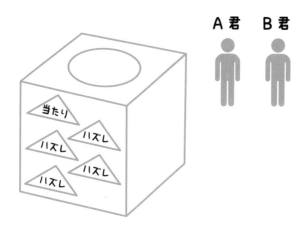

引いたくじは戻さないルールの場合、エリさんは、先に
くじを引きたいですか？　それとも、後に引きたいです
か？

えぇー？　先に「当たり」を引かれたら、もう「ハズレ」確定ですよね？　それは先に引きたいですよ！

でも、よく考えてみてください。一度引いたくじは戻さないので、A君が先に引いてハズレが出たら、エリさんが当たりを引く確率が上がるかもしれませんよ。

うっ……。先生、揺さぶってきますね〜（笑）。

　■「当事者意識」を持つと、先に引きたくなる

このように、順番にくじを引く場合、A君が当たりを引いたら、B君はハズレ確定なので、なんの楽しみもありません。でも、もしA君がハズレだったら、B君が当たりを引く確率は最初に引いたA君よりも高いはずです。

でも、それで後から引くかといわれれば、「もしA君が当たったら悔しい」と思っちゃうんですよね……。

当事者として考えると、A君が先に引いたらゲームオーバーなので、どうしてもB君側になりたくないという心

理が働くんですよね。

このような状況は、日常生活でもよくあります。

 たしかに……。今まで何も考えず感情的に動いてきたかも……。

 くじ引きを例に、その感情をしっかりと理屈で捉えてみましょう。

■ 「A君が当たりを引く確率」の計算

 感情を理屈で……。なんだかゾワっとしますね。

 まず、A君が当たる確率を考えてみましょう。

まず、この5枚のくじは「当たり」が1枚、「ハズレ」が4枚、存在します。

この場合、どのように数えれば「同様に確からしい」計算になるでしょうか？

 この場合、「当たり」と「ハズレ」の割合が違うので……。

54

その通り！ 「当たり」と「ハズレ」は「同様に確からしくない」ので、「ハズレ」の4枚は別々に考えます。

 ということは、「すべての場合の数は5」、「当たりを引く場合の数は1」ですね！

 エリさん、コツをつかんできましたね！ つまり、A君が当たりを引く確率は、

$$P(A) = \frac{1}{5}$$

となります。

 ここまでは、前回とほぼ同じですね。

◉ B君のくじ引きの数え方は？

 では次に、B君が「当たり」を引く確率を考えていきましょう。この場合、**「場合の数」の数え方にはちょっと**

した注意が必要です。

 どういうことですか？

 今回は、B君が当たりを引く前に、A君がくじを引きます。その結果によって状況が変わるので、最初にA君が引くところからパターンの計算をしなければなりません。
まず、A君が引く5パターンを考えます。その後、それぞれの場合でB君が残りのくじを引くことを考える、というわけです。

 頭の中が混乱してきた（汗）。

■ 「樹形図」で場合の数をカウントする

 そうですよね。そういったときに便利なのが樹形図です。

 樹形図？

 右の図を見てください。
それぞれの場合を、線を使ってパターン別に整理します。

まず、わかりやすいように、くじに番号を振りましょう。
当たりを「1」、ハズレをそれぞれ「2、3、4、5」とします。
すると、すべての場合の数は次のように表せます。

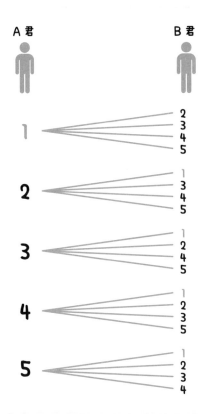

すごく考えやすくなりました！

 まず、A君が当たりくじ、つまり1を引いた場合を考えましょう。
くじは元に戻さないので、次にB君が引けるくじは「2〜5」の4通りです。

 そうですね！

 そして、A君が2を引いた場合は、B君は「1、3、4、5」の4通りのくじを引くことができます。

◾ くじ引きの計算方法

 A君が3,4,5のくじを引く場合も同じように考えられそうですね！

 その通りです！
そして、そのすべてを数えると、B君がくじを引くまでには樹形図の一番右側にある20通りのパターンがあるわけです。

さっそく確率を考えてみます！

 そういきたいところですが、落ち着いて大事なことを思い出してください。

確率で場合の数を計算するとき、何かチェックする必要はなかったですか？

 あ！　「同様に確からしい」ことでした！

 その通りです！

そして今回出てきたこの20通りのどこにも特別な事象はないので、どれも平等で「同様に確からしい」ことがいえますね。

 これで安心して計算できます！

 いい調子ですね！

それでは、「B君が当たる場合の数」は何通りですか？

 この場合は、1番のくじを引いた場合が「当たり」なので……4通りですか？

よくできました！
では、式に当てはめて計算してみましょう。

$$P(A) = \frac{4}{20} = \frac{1}{5}$$

 答えは……、$\frac{1}{5}$？
A君が当たりを引く確率と同じになりましたよ？

 はい、まったく同じ確率となります。
不思議ですか？
次項では、なぜA君とB君の当たる確率が同じになるか
について詳しく考えていきましょう。

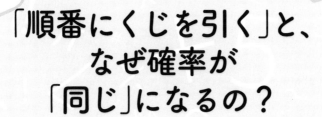

LESSON 6

「順番にくじを引く」と、
なぜ確率が
「同じ」になるの?

■ 「条件付きのくじ引き」の考え方

 これって偶然なんでしょうか……?

 これまでよりかは少し難しくなるので、もしわからなかったら聞き飛ばしてもらってかまいませんが、別の視点で考えてみて、これが自然に起きることを見てみましょう。先ほどのくじ引きを思い出してください。B君が当たりを引くパターンというのは、

①A君がハズレを引く
②A君がハズレを引いたという条件の下、
　B君が当たりを引く

という、2つの条件を満たす必要がありますね。

A君が当たりを引いたら、そこでゲームオーバーですもんね。

樹形図を見ながら考えていきましょう。まず、①になる割合は $\frac{4}{5}$ ですよね。そして、A君の2,3,4,5のくじから伸びている線で当たりくじにつながる線はそれぞれ $\frac{1}{4}$ の割合になっていると思います。
つまり、全体のうちB君が当たりを引くのは、

$$\frac{4}{5} \times \frac{1}{4} = \frac{1}{5}$$

という割合になっているんです。そしてこれはB君が当たりを引く確率を意味しています。

樹形図の枝をすべて数えるよりもだいぶスマートな方法ですね。

◦ 人数が増えても、確率は同じになる不思議

 じつは、**こういう形式のくじの場合、先に引いても後に引いても確率はつねに同じ**になります。なんと、人数が増えてもそうなんです。

 えっ!?
じゃあ人数が増えて、B君の後にC君が引いても、みんな確率は一緒なんですか？

 その通りです。
この場合は、A君がハズレを引くのが $\frac{4}{5}$、続けてB君がハズレを引くのが $\frac{3}{4}$、そしてその後にC君が当たりを引くのが $\frac{1}{3}$ の割合なので、

$$\frac{4}{5} \times \frac{3}{4} \times \frac{1}{3} = \frac{1}{5}$$

 本当に $\frac{1}{5}$ なっちゃった！　信じられないです……。

もしD君がいても、当たりを引く確率は同じになります。つまり、同じ形式のくじであれば、どんな人数でも、全員が同じ確率になるわけなんですね。

じゃあ、このくじ引きだと、いつくじを引いても、結局、同じ確率だってことですか？

同じ確率です。

え〜!?
じゃあ先生は、デパートのくじ引きで、おばさんが割り込んできても、「確率が同じだからお先にどうぞ」っていえるんですか？

もちろんです。確率は同じですから。

でも、先に引いたおばさんが当たったら悔しいですよ？「先に引けばよかった！」と泣いちゃいませんか？

確率的には同じなので、仕方がないですね。同じ条件のくじ引きなら、絶対にみんな同じ確率です。
だから、「自分が先」と焦る必要はまったくないんです。

くじ引きに対する考え方が、変わりました……。

 普段意識をしていなくても、このような場面は、日常的によくあります。

次は、もっと複雑な場合の数の計算方法を伝授しましょう！

「選んで並べる問題」の 場合の数の計算方法

□ 「確率」は、まだまだ奥が深い!

確率の計算というのは、

①分母に「起こりうるすべての場合の数」
②分子に「事象Aの起こる場合の数」

この2つについて、それぞれが何通りかを数えることが 必要でしたね。

数えればいいだけなので、意外と簡単ですよね!

たしかに、これまで扱ったくじ引きやサイコロなどの場

66

合は簡単だったかもしれません。しかし、そもそも数え上げることが大変なこともたくさんあるんですよ。

 えー!

 ということで、くじ引きやサイコロのレベルからもう一歩踏み込んでいきましょう。

「4人のうち3人を選んで並べる」ときの考え方

まず「A君、B君、C君、D君の4人の中から、3人を選んで1列に並べる」、いわゆる「順列」の問題やってみましょう。

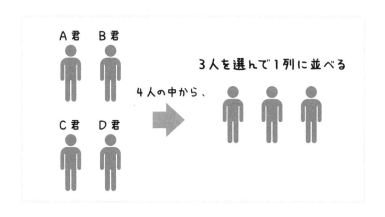

順列？

 順序に従って並べるという意味です。
たとえば、「A、B、C」というパターンと「B、A、C」というパターンでは、選んだ人は同じですが、順番が違うので区別します。

 「A、B、C」と「B、A、C」が違うとなると、パターンが多めですね。

 そうですね。やはり、こういう場合は「樹形図」を描いて整理します。

 全部のパターンを描くんですか!?

 全部描きましょう。
場合の数の計算の基本は、やはり樹形図です。「樹形図をどれだけ描いたかでこの単元の成績が決まる！」というのが、大学受験でよくいわれる話です（笑）。

 ひえー、スパルタ（汗）。

◦ 「順列問題」での樹形図の描き方

では、描いていきましょう。
今回は、3人を1列に並べるので、左から並べて描いていくことにしましょう。
まず、A君が一番左にいるときから考えます。

A君が最初とすると、次はB君、C君、D君が選ばれる可能性があるわけですね。

はい。A君が並んで、次はB君だったとします。すると、次は、C君かD君が選ばれます。

これで2パターンですね。

次は、1番目がA君、2番目がC君のときを考えると、3番目はB君かD君の2パターンです。これを順番にすべて樹形図で描いていくと、次ページの図のようになります。樹形図に慣れるために、ぜひエリさんも自分の力で描いてみましょう。

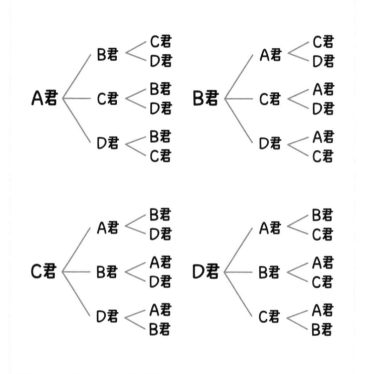

 なかなか、大変ですね……。

 大変ですが、これを地道にやっていくことが大切です。
ところで、エリさん、すべての場合の数は何通りあります
か？

ええと、24通りですか？

 はい、正解です！

場合の数を簡単に計算する方法

 場合の数を数えるのって大変ですね。

 じつは、もう少し賢く数える方法があります。もう一度樹形図を見てみましょう。

まず、1番目はA、B、C、Dの4人から選ぶので、1番目の選択肢は4通りです。

仮にAを選んだとしたら、次はB、C、Dの3人から選ぶので、樹形図は3本線が伸びます。

ここでBを選んだとしたら、最後はC、Dの2人から選ぶので、2本線が伸びます。

 1人ずつ、順番に絞られていきますね。

 その通りです！

つまり、1番目は4通り、2番目は3通り、3番目は2通りと、

それぞれ線がつながっていきます。

つまり、4人の中から3人を選んで並ばせる場合の数は、次のようにも計算できます。

$$4 \times 3 \times 2 = 24 \text{ 通り}$$

 すごい！　すっきり計算できました！

 このパターンの計算は、最初に何人いても、そしてその中から何人を並べても同じ考え方でその総数を求めることができるので、数学ではある記号を用いて一般的に書いたりします。

次の項目で詳しく見ていきましょう。

こうすれば、
「nPr」の計算も怖くない！

▪ 「順列」の場合の数の計算をスマートに

また記号が増えるんですか⁉　大変そう……。

数学では、数が変わるごとにイチからやり直さなくて済むように、一般的な記号を使っていくんです。だからむしろ楽をしているんですよ。

楽することは大好きです！

その記号とは、次のようなものです。

nPr：異なるn個からr個を選んで並べた
　　　順列の総数

やはり混乱してきました（笑）。

 文字で見ると難しく見えてしまいますが「P」は「Permutation（順列）」を表した記号で、左右に小さくついている n と r は何個から何個を選ぶかを表す文字です。

たとえば、先ほどの並べ替えの計算では、4人のうち3人を選んで1列に並べましたね。

なので、この記号を使ってさきほどの結果を表すと、

$$_4P_3 = 4 \times 3 \times 2 = 24$$

このようになります。

 なるほど。別に新しいことをしているわけじゃないんですね。

 その通りです。

同じように、6人から4人を選んで1列に並べたときの総数を $_6P_4$ という記号で表して、実際にその数を計算すると、樹形図を描いてすぐわかるように $6 \times 5 \times 4 \times 3 = 360$

通りなので、

$$_6P_4 = 6 \times 5 \times 4 \times 3 = 360$$

と書くことができます。このように、$_nP_r$はnの数字から1つずつ数を減らしてr個の数を掛け算で並べたものになるんです。

 樹形図で伸びる線が1本ずつ減っていくから掛け算する数も1つずつ減っているという理解であってますか？

 その通りです！　では、練習として$_{10}P_4$の意味と、その計算結果をいってみてください。

 えーっと、意味は「異なる10個の中から4個を選んで並べた順列の総数」で、計算は、

$$_{10}P_4 = 10 \times 9 \times 8 \times 7 = 5040$$

であってますか？

 完璧です！

・ 数が1まで並んだら「階乗」を使おう！

 次は、単純に「n人を1列に並ばせる」という問題を考えてみましょう。

 今回は仲間外れがいないんですね！

 はい、今回は全員に並んでもらいます。

 ということは……「$_nP_r$」で考えると……。

 たとえば、5人であれば、「$_5P_5$」となりますね。

$$_5P_5 = 5 × 4 × 3 × 2 × 1 = 120 通り$$

5から1まで順番に掛け算をしていくわけですね。

いいところに気づきましたね！　このように、ある数（n）から1つずつ減らしながら1まで掛け算することを「階乗」といいます。

階乗……。

■　新しい記号は、「新しいペット」みたいなもの

数学では、「階乗」をこのように表します。

$$n!$$

うわっ！　また記号が出てきたー！

怖がらなくていいですよ！　噛まないですから。

ペットを連れてきたお母さんみたいにいわないでくださ

い（笑）。

 見たことがない動物を見た子どもみたいな反応だったの
で……（笑）。
ペットの場合、可愛いから飼いたいと思って家に連れてき
ますよね。**数学の記号も同じように、便利だから連れて
くる**わけです。だから、怖がらないで可愛がってくださいね。

 記号は、ペットと同じ……。

 $n!$はnから1までn個の数字が並ぶ掛け算なので、順列の
記号nPrとは常にこんな関係にあります。

$$nP_n = n!$$

 nPrの特別なやつってことですね！

 その通りです。この記号、本当に便利なんですよ。たと
えば、「100の階乗」をそのまま式で書こうとしたら、

$$100 \times 99 \times 98 \times 97 \times 96 \times \cdots$$
$$\times 6 \times 5 \times 4 \times 3 \times 2 \times 1$$

と、100個も数が並ぶ、ものすごく長い式になってしまいます。

うわわ……数字がこんなに並ぶと、わけがわからなくなりそう……。

そこで「nの階乗は$n!$」と表すことで、これらを大幅に短縮できます。上の式は100!と表すだけですからね。

つまり、「！は階乗、以下略」ということなんですね。

どうです？　好きになってきたでしょう（笑）。

いえ、別に好きってほどでは……。

記号に愛着を持っていただいたところで、次は「席替え」について考えてみましょう。

「席替え」を
階乗で素早く
計算してみよう！

□ 4人を4つの席に並べ替える

 席替えって、青春を感じさせる言葉ですよね……。

 エリさんの青春については後で話してもらうとして、話
を先に進めますね。

 ヒドイ（笑）。

 まず、簡単な問題でおさらいをします。**「4つの席があり、
そこに4人並べる」**とします。4人の座り方は何通りで
しょうか？

 えっ、難しいじゃないですか（汗）。

エリさん、落ち着いてください。実際の計算は「並べ替え」と同じです。わからなくなったら、樹形図で考えてみましょう。まず、席に「1、2、3、4」と番号を振ります。1人ずつ選んで席に入れていくので、次のようになります。

①の席に座る人の選び方は4通り

②の席に座る人の選び方は3通り

③の席に座る人の選び方は2通り

④の席に座る人の選び方は1通り

 あっ！　さっきと同じ考え方ですね！

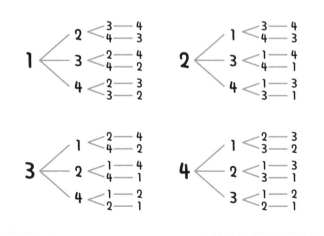

つまり、その場合の数は「4!」となります。

 あっ、4!は「4の階乗」だから……、

$$4! = 4 \times 3 \times 2 \times 1 = 24$$

となるので24通りですね！

 エリさん、その調子です！

 私でも計算できました！

 見慣れない条件の問題が出たら、まずは樹形図を描いてみるのを忘れないでくださいね。

■ 「席替えの場合の数」は？

 4人の席替えは計算できましたが、もしかすると、学校の席替えのパターンも計算できるんですか？

もちろんです！
たとえば、40人のクラスだったとしましょう。教室に
あるすべての席に番号を振って、1番目から、座る人が
何パターンいるかを考えてみてください。

 1番目が40人から選ぶわけですから、順番に行って……。
となると、さっきの席替え問題と同じ考え方ですね！

 その通りです。
つまり、40人クラスの席順のパターンは「40!通り」あ
るということになります。

 どういう数になるんですか？

 数十ケタの数になってしまうので、ここでは計算しませ
んが、とりあえず非常に大きい数です。

そして、どれか特定の席の配置になる確率は $\frac{1}{40!}$ になり
ます。

学校の席替えは「運命」？

私たちのような人間にとって、席替えはいつも数学なんです。

「その席順」になる確率というのは、毎回、$\frac{1}{40!}$ ですからね。「この世界は、$\frac{1}{40!}$ の中から、この席順を選んだのか！」って思うわけです。

 なんだかロマンチックな生き方ですね……。

 ちょっと話がそれそうになったところで、次は「組み合わせ問題」を考えていきます。

10

「組み合わせ問題」の計算方法

□ 5人の中から3人を選ぶ「組み合わせ」

 階乗の計算に慣れたところで、次の問題を考えたいと思います。
今度は「5人の中から3人選ぶ」という問題です。

 次は1列に並べないんですね！

 今回のポイントは、「並べる」のではなく「選ぶ」だけです。

 「選ぶだけ」だと、何が変わるんですか？

 順列の問題では、順番の概念があったので「AB」と「BA」は別のパターンとしてカウントしていました。しかし今回は、**「AB」も「BA」も「同じ組み合わせ」として考**

えます。

 そうなると場合の数は結構少なくなりそうですね。

 その通りです。

どれぐらい少なくなるのか、実際に計算して確かめてみましょう。ここでは、次のような記号を使います。

nCr：異なるn個からr個選ぶ
組み合わせの総数

 また記号が出てきた！

 大丈夫！　噛まないから！　便利だから使っただけです。

 記号はペットでしたね……（汗）。

 ちなみに、Cは英語の「Combination（組み合わせ）」からとっています。今回求めたいのは「5人の中から3人選ぶ」場合の数なので、$_5C_3$を求めていくことになり

ます。

 それで、どのように計算するんですか？

 じっくり説明していきますね。まず、「並べない」計算方法を考えるために、「並べる」問題を考えましょう。

 ずいぶんトリッキーなことをしますね。

 この方法が一番わかりやすいと思っているので。
では、「5人の中から3人選び、1列に並べる」場合の数を考えます。すでに習った記号を使うと、$_5P_3$のことでしたね。

■ $_5C_3$ を求める

 でも、今回は「並ばせる」わけではないんですよね？

 はい。今回は「5人の中から3人選び、1列に並べる」という問題を次のように分解して考えてみましょう。

①5人の中から3人を選ぶ（$_5C_3$）
②その3人を1列に並ばせる（3!）

どの3人を選んでもそれぞれ3!通りの並べ方があるので、
①と②を掛けたものが$_5P_3$になるはずです。

 でも、$_5C_3$ ってまだわかっていないんですよね？

 その通りです。
しかし、次の式が成り立つことはわかりましたね？

$$_5C_3 × 3! = {_5}P_3$$

 それはそうですね。

 この式を少し変形するだけで……、

$$_5C_3 \times 3! = {}_5P_3$$

$$_5C_3 = \frac{{}_5P_3}{3!}$$

するとあら不思議、左辺には計算の方法がわからなかった$_5C_3$が、右辺には計算の方法がよくわかっている$_5P_3$と3!しかありません。

これらがイコールで結ばれているので、$_5C_3$も計算できるようになりましたね。

 わっ……！ 魔法みたい！

 言葉でいえば「$_5C_3$は$_5P_3$を3!で割ったもの」だったとわかったわけです。

 もう答えは間近ですね！
自分で計算してみます！

$$_5C_3 = \frac{_5P_3}{3!} = \frac{5 \times 4 \times 3}{3 \times 2 \times 1} = 10$$

 できた！

 大正解！
つまり、「5人の中から3人選ぶ」組み合わせの数は10通りとなります。

▪ 「選んで並べる」と「並べる」の割り算

 この話は何人から何人選んでも同じ話なので、どの数字でも使えるように一般的に書いておくと、次のようになります。

$$_nC_r = \frac{_nP_r}{r!}$$

こうして見ると難しそうですが、「選んで並べる」と「並べる」の割り算なんですね！

 計算自体も、分母と分子で約分ができることが多く、見た目ほど難しくはありません。

 そういえば、実際の計算はそんなに難しくなかったですね。他の組み合わせでも試したくなってきました！

LESSON
11

「組み合わせ計算」の
使い方

▫ 「組み合わせ」の不思議

 「選ぶだけ」のほうが、「選んで並ばせる」よりもややこしいなんて……。

 少し不思議ですよね（笑）。
どうしてこうなるかというと、「並ばせる」場合と比べて、「組み合わせ」では被りが出てしまうからです。「並ばせる」場合は、被りがないので考え方としては簡単なんです。

▫ スポーツでトーナメント戦が多いワケ

 組み合わせの計算って日常生活でも使いますか？

とても便利ですよ。たとえば、スポーツでは、よくトーナメント戦で争いますよね。選手が負けて涙しているのを見ると、「総当たり戦でやればいいのに」と思うことってありませんか？

あります、あります！　総当たりだと、みんな悔いなく終われますよね。

それにはちゃんと理由があって「総当たり戦は大変だから」なんです。

えっ？　それだけ？

10チームの試合を想定して比較してみましょう。トーナメント戦の場合、総試合数は9試合です。

わ！　たくみ先生、さすがに計算がはやい！

いや、これはちょっとした裏技を使ったんです（笑）。

裏技??

トーナメント戦をやったとき、優勝チーム以外は最終的に必ず一度だけ負けますよね？　そして、1つの試合には必ず敗者が存在します。なので「試合数＝負けの数」となり、トーナメント戦の総試合数って、常に「出場チーム数－1」なんです。－1はもちろん優勝チームのことです。

へぇ～！　これも面白いですね！

話がそれましたが、ここからが本題です。

10チームで総当たり戦をする場合、その総試合数は「10チームの中から2チームを選ぶ組み合わせ」を計算すればいいですね。「AvsB」も「BvsA」も同じことなので、順番は区別しません。

じゃあ、計算は$_{10}C_2$ですね！

エリさん、いい調子ですね！　計算してみましょう。

$$_{10}C_2 = \frac{_{10}P_2}{2!} = \frac{10 \times 9}{2 \times 1} = 45$$

トーナメントだと9試合だったのが、総当たり戦だと45試合になっちゃうんですね！

比較すると、なかなか総当たり戦はできないですよね。では、また別の具体例も見てみましょう。

▣ 組み合わせ計算の具体例

たとえば、「30人の中からクラス委員となる3人を選ぶ」という問題を考えてみてください。

ええーっと、組み合わせ計算なので、$_{30}C_3$ですね！

$$_{30}C_3 = \frac{_{30}P_3}{3!}$$

$$= \frac{30 \times 29 \times 28}{3 \times 2 \times 1}$$

$$= 4060$$

エリさん、よくできました！

クラス委員を決めるだけで、4060通りもあるんですね
……。

では、その委員となる生徒をランダムに選ぶとき、この
クラスで「エリさんと、憧れのB君」が、一緒にクラス
委員になれる確率は、どうなるでしょうか？

▪ 「気になるB君と選ばれる場合」の数

それ、すごく気になる確率ですね……！

まず「エリさんとB君が、一緒に委員に選ばれる」組み
合わせの数を考えます。そのため「2人がすでに選ばれ
た状態」を考えましょう。すると「残り28人から残り
の1人の選び方」を考えればOKです。

すると、$_{28}C_1$ですね。

次のような計算になりますね。

$$_{28}C_1 = \frac{28}{1!} = 28$$

さらに、確率を求める場合は「起こりうるすべての場合の数」も必要でしたね。これは先ほどの「$_{30}C_3$」の計算から、4060でした。

つまり、エリさんとB君が一緒にクラス委員の3枠に入る確率は、次のようになります。

$$P(A) = \frac{_{28}C_1}{_{30}C_3} = \frac{28}{4060} = \frac{7}{1015}$$

なるほど〜！
えーっと、電卓で7÷1015を計算すると……。
えー！！！　約0.0069 !?
たった0.7%ぐらいじゃないですか！

現実は厳しいですね。

ここまでで、確率・統計の前半戦、「確率」の授業は終了です。

ものすごく濃い内容でした……。
確率の計算って、日常生活でもたくさん登場するんですね。
いろいろ計算してみたくなりました！

第 **2** 章

統計とは何か？

「統計学」で、
ビジネスに強くなろう！

▣ 統計学は、何をする学問なの？

 次は、統計についてお話しします。

 確率の授業、すっごく楽しかったです！　統計って、なんだか難しそうな響きですよね……。確率と同じく、統計も私たち一般人の役に立つ科目なんでしょうか？

 ズバリいいますが、普通の**社会人の方にも、めちゃくちゃ役に立ちます！**

 自信満々ですね！

 統計学をひと言でいうなら、「**集団を数値的、数量的に理解する学問**」のことです。

しゅ、集団を、数値的に、理解する？

 たとえば、エリさんはYouTubeは見ますか？

 はい、ちょくちょく見ますよ。

 私の場合は自分で配信をしていますが、「どの時間帯に、どんな年齢の人が、どのくらいの人数見ているのか」などを、数値で見ることができるので、よく参考にしています。

□ 統計学は、現代の必須科目！

 YouTube って、そういうデータが見られるんですね！

 最近では、Webやアプリの広告などでもそうしたデータを使って、「この商品を、こういう人に売ろう」といった具合に、ビジネスに役立てているんです。

 すごい……。統計学って本当に役に立ってるんですね！
……。

そういった時代だからこそ、我々もその中身をできるだ
け正確に知っておきましょう!

 統計学って、すごいですね! 楽しみになってきまし
た!

統計学のキホン
「代表値」とは？

□ まずは「代表値」を覚えよう！

 統計学を面白そうと思いましたが、よく考えたら計算が大変そうですね……。

 たしかに、数字がたくさん登場する学問ですが、普通の四則演算（足し算、引き算、掛け算、割り算）しか今回は出てこないので、安心してください。

 ほっ。

 ではまず、統計学の基本用語の「代表値」という言葉から紹介します。

 ダイヒョウチ？

統計学は、膨大な量のデータを扱います。YouTubeで
あれば、視聴者数や視聴者の年齢、視聴時間など様々で
す。その数字だけを見ても、パッと理解するのは難しい
ですよね。

 そんなのを見たら、鳥肌ですよ……。

 そのため、その特徴を何か1つの数値で表せるものがあ
ると便利ですよね。その数値を**「代表値」**といいます。

 特徴を数値で表す……?

 例がないとイメージしにくいですよね。最も身近な代表
値といえば**「平均値」**です。

 平均ですか？　それなら私もわかります！

 では、平均値からお話ししましょう！

LESSON

3

代表値の初歩
「平均値」

- テストの点数を、どうやって判断しよう?

 平均値って、私たち日本人は大好きですよね。学校のテストでも平均点がどうしても気になってしまうものです。

 わかります! 「なんとしても平均より上に」っていうプレッシャーとの闘いでした。

 まず、わかりやすく、「9人が10点満点のテストを受けた」というシチュエーションから考えていきます。それぞれの成績は、次の通りです。

2点、3点、3点、6点、7点、7点、7点、9点、10点

 ちょっとばらつきがありますね。

このくらいの人数だと、パッと点数を見て「特別優秀な クラスではないな」というのがなんとなくわかりますよね。

 たしかに（笑）。

 でも、これが30人、100人になった場合を想像してみて ください。点数のデータが多すぎて、少し見ただけでは 何もわかりません。

 100人以上の規模にもなると、高得点をとった人が多い のか少ないのか、しっかり数えないとわからないですも んね。

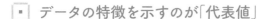
■ データの特徴を示すのが「代表値」

 そこで登場するのが、「平均値」を求める計算です。エ リさん、わかりますか？

 さすがに、平均点はわかります（笑）。**「全員の得点の合 計を、人数で割る」**でしたよね。

$$\frac{2+3+3+6+7+7+7+9+10}{9} = 6$$

エリさん、大正解です。すばらしい！
ちなみに、平均値は「x」の上に棒のようなものをつけた「x̄」（エックスバー）という記号で表します。
言葉で書くと、次のようになります。

$$\bar{x} = \frac{合計}{データの数}$$

いかがですか？　平均点が「6点」とわかると、「そのデータの印象」が大きく変わりますよね。

そうですね。全体として少し良さそうという印象が持てますね。

このように、**代表値は、あるデータの特徴を見る手助けとなる値のこと**なのです。

平均点よりも参考になる？「中央値」

 平均点というのも、れっきとした統計学の1つなんですね。

 平均値は身近な言葉ですよね。たとえば、A組の平均が6点、B組の平均が7点だったら、「B組のほうが、成績が良い」と、A組の先生が怒るかもしれません。
つまり、平均値によって「クラスの点数というデータの大まかな特徴」を読み取れた、というわけです。

 平均値を出せば、どのクラスが優秀なのかがわかるわけですね！

 ところが、**平均値はあくまで見え方の1つにすぎません。**

えっ？　他にもデータの特徴を表す代表値があるってことですか？

■ 「中央値」で、全体の中間を把握する

 平均値と比べると認知度は下がりますが、**「中央値」**という代表値があります。

 聞いたことあるようなないような……。

 もう一度、9人の点数を考えてみましょう。

2点、3点、3点、6点、7点、7点、7点、9点、10点

このようなデータでしたね。
この、小さい順に並んでいる点数の真ん中の人の点数はなんでしょう？

 9人の「ちょうど真ん中の人」ということは、このデータの5人目の点数ですか？

その通りです。

この9人の場合、小さい順に並べた5人目の点数は7点なので、「中央値は7」になります。ちなみに、統計学ではよく「x̃＝7」と、xの上に「～（チルダ）」をつけて書きます。

$\tilde{x}$ ……中央値

小さい順に並べたときに、真ん中にある値

2, 3, 3, 6, ⑦, 7, 7, 9, 10

この場合、中央値は7となる！

 今回は9人なので、ちょうど5人目が真ん中ですが、偶数ならどうすればいいですか？

 通常、真ん中2人の平均をとります。たとえば、それが7点と8点だったら7.5点といった要領です。

なるほど！

「平均値」に「中央値」……。この他にも代表値ってあるんでしょうか？

はい、あります。

いろいろな切り口があるのですが、次項で「最頻値」を見てみましょう。

最も頻繁に
出現する「最頻値」

■ データの中で、一番登場する値

 今度は**「最頻値」**を見てみましょう。

 最も、頻出の、値、ですか?

 はい、そのままの意味です。
先ほどのクラスの点数は、

2点、3点、3点、6点、7点、7点、7点、9点、10点

でした。
では、最頻値は何になるでしょうか?

 最も頻繁に出る値ということは、普通に考えると「7点」

ということでしょうか？

 エリさん、鋭い！　その通りです。

 先生、無理に褒めなくていいですよ（笑）。そのままでしたから……。

 最頻値とは、データの中で最も頻繁に登場する数値のことを指します。簡単ですね。

 えっ？　それだけですか⁉

 それだけです。
では、これらの代表値の違いと重要性をよく知っていただくための実例を紹介しましょう！

LESSON 6

「代表値」で、
データの見え方が変わる!

■ 「平均年収」は「普通」じゃない?

では、よくニュースで耳にする「会社員の平均年収」で
考えてみましょう。

平均年収だと、自分と比べやすいので身近な印象があり
ますね!

よくニュースで見る話題ですが、420万円という数字を
よく聞きますね。

そうですよね、よく耳にする数字です。

エリさんは、この数字をどう感じますか?
「平均年収=普通の人の年収」だと捉えてしまうと、「み

んな、そんなにもらってるの？」って思いませんか？

 思います！
感覚的としては、求人情報サイトなどを見ても、そのく
らいの年収の求人はそんなに多くないですよね……。

 　　　　「年収」を、他の代表値で見直してみる

 では、**平均値以外の代表値**で、日本の年収データを見て
みましょう。

 先ほど習った、中央値と最頻値ですね！

 実際の年収の分布をグラフにしてみると、次ページのよ
うな図になります。

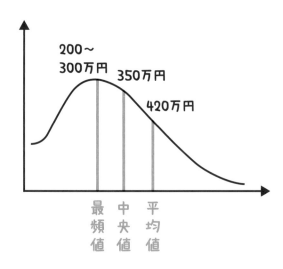

200〜
300万円　350万円

420万円

最　中　平
頻　央　均
値　値　値

　私のほうで調べたデータでは、日本の会社員の**中央値は**
「350万円」程度のようです。
　改めて補足をすると、年収の中央値とは、「年収のデー
タを小さい順に並べたときのちょうど真ん中の金額」を
意味します。

 420万円と350万円。70万円も開いてますね。

けっこう大きな差ですよね。

次に、**年収の最頻値を見てみると、「200 〜 300万円」**という結果でした。年度などによってばらつくことがあるようですが、平均年収からさらに大きな違いが出ました。

 驚きですね……。

・「平均」＝「普通」ではない

 こうして見ると、「平均年収のサラリーマン」が、必ずしも多数派ではないということが見えてきませんか？

 本当にそうですね。グラフを見てみても、「平均年収」の人数がそんなに多くないことがわかります。

 エリさんが最初に受けた印象通りで、多くの人が420万円の年収をもらっていないことがわかります。

中央値の350万円は「それより多い人と少ない人の数がちょうど同じになる金額」。最頻値の200 〜 300万円というのが「このくらいの年収をもらっている人が最も多

い」ということを意味しています。

こうして見ると、平均値よりも中央値や最頻値のほうが「普通」に近い感覚ですね。

実は今回の場合、一部のとんでもなく年収が高い人の存在によって平均値が大きく引き上げられていたのです。平均値はそういった「数は少ないけれど値が大きい」ものに強く影響されますからね。
なので、このような分布のデータの場合、**平均は必ずしも「普通」を意味しない**といえます。

▪ 「普通」は、データのばらつきによって変わる

平均って、あまり参考にならないんですね。

逆に、データが平均値の周りで均一にばらついているようなデータだと、平均値と「普通」が近い結果になります。ちなみに、日本人男性の平均身長は170cmちょっとです。私の身長は165cmですが、日本人の身長の場合、そのデータは平均値の周りにほぼ均一にばらついている

ので「平均身長＝普通の身長」といえるでしょう。

 へえ、そうなんですね。

 身長でも、「平均と普通は一致しない」といいたくて調べたんですが……（涙）。

 悲しい（笑）。中央値はどうですか？

 中央値も平均値とほぼ同じです。

 すみません、傷をえぐるのはこのくらいにしておきます……。

 このように、データのばらつき具合によって、平均値や中央値、最頻値でデータの特徴をよく表しているのかどうかというのは大きく変わってきます。

たとえば、求人情報サイトなどを見ると、企業の「平均年収」という項目がありますが、それが実際にもらえる給料と一致しない場合も念頭に置きましょう。一部の人の年収だけ飛び抜けて高い可能性があるからです。

そうだったんですね。たしかに、私の実感ともズレていました……。

エリさんは、本当に転職を考えたほうがいいかもしれないですよ（笑）。

LESSON

7

「データのばらつき」は
「標準偏差」で調べる

▫ 「データのばらつき」で、平均の見え方が変わる

 代表値のことを知ると、ニュースの見方が変わります
ね！

 楽しくなってきましたね！
この調子で次のテーマに移りましょう。
身長のような、平均値の周りに均一にばらついている
データを想像してみてください。
そのようなデータの図を2つ書いてみましょう。

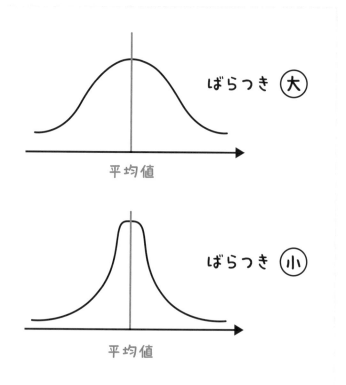

ばらつき 大

平均値

ばらつき 小

平均値

 今、これらのデータの平均値は同じで、ばらつき具合に
だいぶ差があります。分布の形がだいぶ違いますね。し
かし、平均値は同じなので、当然平均値だけを聞いても
これらのデータの差は読み取れません。つまり、特徴を
捉え切れていないわけです。

データのばらつき具合を数値で表す方法はないんですか？

エリさん、だいぶ鋭くなってきましたね！　統計学には、そのばらつき具合を表す指標があります。次は、その方法を紹介します。

▪ 「データのばらつき」を数値化する

データのばらつきって、計算で出せるんですか？　すごく大変そうです……。

まず、先ほどから見ていた、あるクラスのテストの点数を例に話を進めましょう。

2点、3点、3点、6点、7点、7点、7点、9点、10点

このような点数でしたね。

何度も見てきたやつですね！

では、このデータのばらつき具合を見ていきたいと思います。

まず、「ばらつき」を「平均値からのズレ」と考えましょう。

 平均値からのズレ?

 順を追って説明しますね。このクラスの点数の平均値は「6」でした。

つまり、1人目の「2点」の人は「2-6」で、平均から「-4」のズレがあります。

 どれくらい平均値からズレているか、という話ですね。

 はい。同様に、2人目では「3-6」なので「-3」のズレがあります。当然、6点の人の場合は平均値と同じですから、ズレは「0」となります。

 平均値より多い人はどうなるんですか?

 7点の人の場合は「7-6=1」なので「+1」のズレです。

 平均値を基準に、+と-でズレを見ていくわけですね!

これで「それぞれの点数が、平均値からどれくらいズレているか」という値が出ました。

	点数	平均とのズレ
1人目	2	−4
2人目	3	−3
3人目	3	−3
4人目	6	0
5人目	7	+1
6人目	7	+1
7人目	7	+1
8人目	9	+3
9人目	10	+4

おぉー！　じゃあこの平均とのズレを合計すればデータ
としての全体的なばらつきが表せるわけですね！

 非常に惜しい考えですね！　では、試しにこれらをすべ
て足してみてください。

 えーっと、−4、−3、−3、0、+1、+1、+1、+3、
+4だから……。
あれ??　0になっちゃった！

 じつは、それは偶然ではないんです。
どうしてそうなったかというと、正のズレと負のズレが
打ち消し合ってしまっているからです。
どちらもズレであることは間違いないのに、単に足し合
わせてしまうと相殺しちゃうんですね。
そこでちょっとした工夫があります。

■「ズレの2乗」を足す

 ちょっとした工夫って、なんですか？

 負のズレを負のまま正のズレと足したのが問題だったんです。エリさん、負の数を正の数にする方法は何か浮かびますか？

 えーっと、なんでしょう？……。

「2乗すること」です。そうすれば、正のズレは正のまま、負のズレは$(-4)^2＝+16$のように、いずれも正になります。

さきほどのズレを2乗したものを順に書くと、

$$+16, +9, +9, 0, +1, +1, +1, +9, +16$$

となります。

これらを足し合わせれば、少なくとも先ほどのように合

計が0になる事件は起きませんよね？

たしかに、そうですね！

▪ 「データの数」で割る

ばらつき具合の数値化まで、あと少しです！

まだ考えることがあるんですか!?

たしかに、ズレを2乗したものをすべて足し合わせれば、なんとなく「データのばらつき具合」になってはいそうなんですが、このままだとデータの数が増えたら単にその合計も増えますよね？

増えたデータの分だけ0以上の数が足されるので、たしかにそうですね。

しかし、それで本当に「データのばらつき具合」を表しているといえるでしょうか？ データによっては、「非常に膨大な数のデータがあるけれども、それらの大半はどれも

平均値の周りに集中している」ようなものあるはずです。そういった事情も汲んで、ズレの2乗を最後にデータの数で割ってあげましょう。そうすれば、データの数が増えたときに分母の数字も大きくなって、そういった無駄な増加を抑えてくれるでしょう。

今回の例であれば、次の式がばらつき度合を表すものです。

$$\frac{16 + 9 + 9 + 0 + 1 + 1 + 1 + 9 + 16}{9}$$

 おー！　ついにゴール！
あ、ということはこれにも何かしら新しい記号をあてるんでしょうか……？

 その通りです！
通常、ギリシャ文字のσ（シグマ）という記号を使って次のように表します。

$$\sigma^2 = \frac{\text{平均値からのズレの2乗の合計}}{\text{データの個数}}$$

これを「分散」といいます。ばらつき具合を表すのにピッタリな名前ですね。

 えーっと、σの右上に2がついていて、2乗のような表記になっているのはどうしてなんでしょうか……?

 いいところに気がつきましたね。

本当の理由は後で説明するので、ここではとりあえずデータのばらつき具合を表す「分散」をσ²と書くのだと受け止めてください。

では、今回扱っている例で、この分散の値を求めてみましょう。

$$\sigma^2 = \frac{平均値からのズレの2乗の合計}{データの個数}$$

$$= \frac{16+9+9+0+1+1+1+9+16}{9}$$

$$= \frac{62}{9}$$

$$= 6.8888\ldots$$

$$\fallingdotseq 6.9$$

このようになりますね。

ちなみに「≒」は「ニアリーイコール（nearly equal）」といって、「ほとんど等しい」という意味です。円周率の「3.14」なども、「3.14159265...」と小数点以下が続くので、

「$\pi \fallingdotseq 3.14$」などと書いたりしますね。

データのばらつき具合が6.9か〜！

でも、点数は全体的に6.9点も平均からばらついていな

かったような気がするんですが……。

そうですね。じつは、この分散の値自体は実際の「点数」とは直接関係ありません。そのあたりの話をしていきましょう。

▪ より直感的なばらつきの指標

分散は、

$$\sigma^2 = \frac{\text{平均値からのズレの2乗の合計}}{\text{データの個数}}$$

というように、「平均値からのズレの2乗の合計」を「データの個数」で割ったものでしたね？　これはつまり、「"平均値からのズレの2乗"の平均」と見ることができます。

わかりません!!

元気よく即答しないでください（笑）。平均点を考えたとき、全員の点数の合計をデータの個数で割って均しましたよね？　それと同じように、各データの平均値からのズレの2乗の合計をデータの個数で割って均しているというわけです。

 なるほど……。でもそれだと、いわゆる「2乗の平均」になってしまってますよね？

 その通りです。
だから、分散の数値が実際の点数のばらつきよりも大きく感じたんですね。なぜならそれは、ズレの2乗の平均を出したものだったからです。

 じゃあ実際は、その2乗する前の数値ぐらいのばらつきなわけですね……。

 エリさん、その「2乗する前の数」のことを数学でなんといいましたっけ？

 なんだっけ……？

133

平方根、√（ルート）でしたね。

 ルート！　懐かしい響き……。

 たとえば$\sqrt{4}=2$、$\sqrt{9}=3$といった具合に、ルートの中の数を2乗する前の数に戻してくれるものでした。

 でも、「2乗して6.9になる数」って、暗算だと難しいですよね。

 たしかにそうですね。では、計算機を使って求めてみましょう。分散σ^2の2乗する前の数を考えるので、右上の2を取り払って、その値をσで表します。そうすると、

$$\sigma = \sqrt{6.9} \fallingdotseq 2.6$$

となります。このσのことを「標準偏差」といいます。

 標準偏差を2乗したものが分散ってことでいいんですか？

その通りです。

標準偏差のほうが実際のばらつき具合の感覚に近い数値になってますね？

たしかに、2.6点ほどのばらつきと聞いて違和感はありません。

ちなみに、分散に σ^2 という2乗をつけた記号を使ったのは、そのルートを考えたものを標準偏差と呼んで、それを σ と表すからです。2乗の違いしかないのにわざわざ別の記号を使うのも気が進まないですからね。

「偏差値」とは何か？

・ 「偏差値」はその得点をとることのすごさ

標準偏差って、よく模試などで出てくる「偏差値」とは
違うものなんですか？

物自体は別物ですが、密接に関係しています。せっかく
なので、おまけで説明しますね。ちなみにエリさんは、
偏差値についてどのようなイメージがありますか？

"THE・成績！" って感じです。学生の頃、受験を頑張
っている友達が話の中でよく使っていました。

そうですね。学習塾や予備校の謳い文句に使われるくら
い、よく知られた言葉です。ざっくりいえば、偏差値と
は「そのテストで自分がとった点数が、どれだけすごい

か」という数字です。

 単に平均点と自分の点数を比べるのではダメなんですか？

 たとえば、「50点付近の人がたくさんいる平均点50点のテスト」で90点をとるのと、広く色々な点数をとった人がいる中で、それを均して平均点が50点のテスト」で90点をとるのとでは、どちらが"すごい"でしょうか？

 うーん、「50点付近の人がたくさんいる平均点50点のテスト」で90点をとることのほうがすごそうです。ずば抜けた高得点をとった人がほとんどいないわけなので。

 そうですね。このように、単に平均点との差を見て一喜一憂していても、自分の本当の学力はつかみきれないものなのです。

 なるほど！　初めて気づきました（笑）。

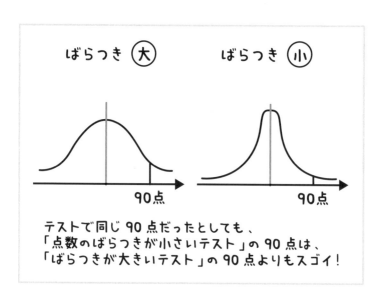

テストで同じ 90 点だったとしても、
「点数のばらつきが小さいテスト」の 90 点は、
「ばらつきが大きいテスト」の 90 点よりもスゴイ！

▪ 「標準偏差」を使って「偏差値」計算する

では、この "すごさ" を数字にする方法を考えましょう。
十分に学力を表しきれないといっても、さすがに平均点
との差は重要なはずなので、これをまず式で表しましょ
う。

「x」を自分の点数、「x̄」をこれまで通り平均だとして、

$$x - \overline{x}$$

これが「平均点との差」です。

 文字に対する恐怖もだんだんとなくなってきました!

 そして、この「平均点との差」に次のような細工を施してあげましょう。

$$\frac{x - \overline{x}}{\sigma}$$

 わ! なぜか標準偏差の σ で割ってる! なぜ標準偏差で割るんですか?

 エリさん、標準偏差は何を表していたものだったでしょう?

えーっと、たしか「ばらつき具合」でした！

 その通りです。単に「平均点との差」を見るのではなく、それを「ばらつき具合」で割っているんですね。

つまり、分数の分母に来たわけです。そうすることによって、ばらつき具合が小さいときに、分数の分子にある「平均点との差」の数字が少し変わるだけで、この数は大きく変わる数値になっているんです。

そのことによって、さきほどいっていた「点数のばらつきが小さいテストで高得点をとるのはすごい」というのが表現できているんですね。

 たしかに、1/100が2/100になるより、1/10が2/10になるほうが変化が大きいですからね。

 例として、先ほどのクラスの点数を使って計算してみましょう。

このクラスの点数の標準偏差が2.6だったことを使います。

① 「10点」の人

$$\frac{10-6}{2.6} = \frac{4}{2.6} ≒ 1.53$$

② 「4点」の人

$$\frac{4-6}{2.6} = \frac{-2}{2.6} ≒ -0.76$$

● 一般的な「偏差値」は、「10倍して50を足す」

1.53と−0.76……。なんだか偏差値っぽくない数字が出てきましたね。

そうですね。

じつは、「偏差値」と呼ばれるものはこの数を「10倍して50を足した」ものなんです。

偏差値を表す文字を「z」だとすると、次のような式になります。

$$z = \frac{x - \bar{x}}{\sigma} \times 10 + 50$$

 えっ？　どういうことですか？

 あまり深い意味はなくて、わかりやすい数字にするための作業です。値が小さいので10倍にして、50を足すことで、平均点をとった人（x＝x̄）の偏差値が50になるようにしています。

先ほどの例で、実際に計算してみましょう。

①「10点」だった人の偏差値

$$z = \frac{10-6}{2.6} \times 10 + 50 \fallingdotseq 1.53 \times 10 + 50$$

$$= 65.3$$

②「4点」だった人の偏差値

$$z = \frac{4-6}{2.6} \times 10 + 50 \fallingdotseq -0.76 \times 10 + 50$$

$$= 42.4$$

「10点の人の偏差値は65.3」、「4点の人の偏差値は42.4」……。なんだかすごく偏差値っぽくなりました！

▪ なぜ偏差値は「10倍して50を足す」のか？

でも、やっぱり「10倍して50を足す」の意味がわかりません……。

「10倍して50を足す」というおまけ作業をする前の

$$\frac{x - \bar{x}}{\sigma}$$

という量は分母が「データ全体の点数のばらつき」で、分子が「個々の点数のばらつき」なので値が近いことが多く、「1.53」とか「−0.76」といった1付近の小数を含んだ数になりやすいんです。

日常ではあまり使わない数ですね……。

やはり、我々人間は50を真ん中とするような0から100
までの数が一番扱いやすいんです。なので、「1.53」や
「−0.76」という数字を10倍して差を見やすくし、さら
に「＋50」という数の下駄を履かせているんですね。

偏差値が100以上になったり、0以下になったりするこ
とってあるんですか？

はい。定義上、それもありえます。
標準偏差が非常に小さいテストで平均点よりも飛び抜け
て良い点数や飛び抜けて悪い点数をとれば起こりますね。
もちろん、そういったことはほぼ起こらないわけですが。

マイナスの偏差値なんてとったら3日ぐらい寝込んじゃ
いそう……（笑）。

LESSON
9

「相関関係」とは？

▫ 「正の相関」と「負の相関」

 最後の授業は、「相関関係」をご紹介しようと思います。言葉自体は、なんとなく聞いたことがありませんか？

 あります！　でも、詳しく説明して、といわれるとちょっと……。

 「相関関係」は、大きく分けて「正の相関」と「負の相関」の2種類があります。

 なんとなく聞いたことがあります！

 まず、わかりやすいのが正の相関です。簡単な例としては、算数のテストの点数と国語のテストの点数の相関関係ですね。

▪「正の相関」とは？

 国語のテストの点数を横軸、算数のテストの点数を縦軸にとります。各生徒の国語と算数のテストの結果に応じて、このグラフに点を打っていきます。

 算数が50点、国語が50点の生徒の場合だと、この図の真ん中に点を打つイメージですね。

 そうです。すると、だいたいの場合、次のような図になります。

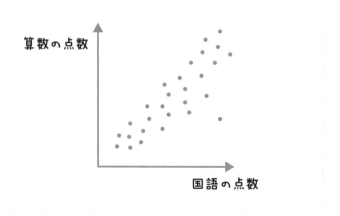

右上に向かってパラパラと点が打たれていますね。

 つまり、「国語の点数が高い人は、算数の点数も高い」傾向にあるということです。

 国語はめちゃくちゃ得意だけど数学は苦手、という人もいますよね。

 もちろん、個人を見るとそういう人はいると思います。ただ、全体として見た話です。

 なるほど。まあ、どの学校でも起きそうな話ですね。

 このように、国語と算数のテストの点数をグラフにすると、全体として、だいたい右上がりになったようなグラフが描けます。そして、このような**「一方が大きいときに、他方も大きい傾向があるという関係を"正の相関"」**といいます。

算数の点数

正の相関

国語の点数

こういう関係って、探せばいろいろありそうですね。

もちろんです。他にも、当たり前のケースとして、「身長と体重」もありますね。身長が高ければ、それだけ体重も増えますから、グラフにすると右上がりになっているはずです。

太っているとか関係なく、背が高いほうが重くなりますからね。

▪「負の相関」とは？

 次に、正の相関の逆バージョンにあたる「負の相関」の例を考えたいと思います。

 逆バージョンというと？

 正の相関は、右上がりになるようなグラフでした。「負の相関」はこれとは逆に、右下がりになる関係のことをいいます。

 一方が上がると、一方が下がる……。うーん、何がありますかね〜？

 例を具体的に挙げるのが難しいですが、じつは私、小学生の頃に自由研究でやってます。

 小学校で負の相関を？　どんな小学生だったんですか……（笑）。

 何をやったかというと、「覚えている円周率のケタ数と

友達の多さの関係」です。

……円周率と友達？

円周率って、小学校のときに習いますが、「3.1415926535...」と、どこまでもケタ数を覚えようとする子と、あまり興味がない子の2パターンがいますよね。

たしかに！　私は興味ない派でした！

そこで、「頑張って覚えようとする子」と「興味がない子」で、何が違うか？　というのをテーマにしたわけです。

……それが、友達の多さ？

これは完全に当時の主観ですが、覚えようとする子と興味がない子って、キャラが違う、と考えたんです。

キャラが違う？

つまり、今でいう「陽キャ、隠キャ」みたいなニュアン

スです。そこで、学校中の生徒に友達の数と覚えている
円周率のケタ数を聞いてまわってグラフに点を打ってい
った結果、次のように見事、負の相関があることを示し
たのです！

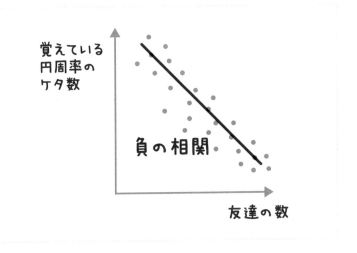

縦軸が「覚えている円周率のケタ数」、横軸が「友達の数」
です。

 友達の数はどうやって調べたんですか？

 直接聞いたんです。みんなに「友達は何人？」って。

151

すごい調査ですね……。同級生がやっていたら、ドン引きです……。

 それから、「円周率をいってみて」と聞きました。多くの人が「3.14」より少し先をいえるかいえないかぐらいでしたが、この調査の結果として、「覚えている円周率のケタ数が多いほど、友達が少ない」という、バッチリとした右下がりの「負の相関」を示したんです！

 しょ、しょうもない……（苦笑）。

 もちろん、友達の定義が違った場合は変わってくる可能性があるので、「普段その人とどれくらい喋るか」とかも同時に聞いておいて……。

 先生に怒られなかったんですか？

 もちろん担任の先生に怒られて、この研究はボツになりました。悲しい思い出です。

 そりゃそうですよね（笑）。

ちなみに、クラスで一番陽気で友達が多い子に円周率を聞いたら、即答で「4！」っていってました。負の相関の権化ですね。

 完全に嫉妬が入ってますね（笑）。

 負の相関は、正の相関よりも見つけにくいかもしれませんが、**一方が大きいときに、他方は小さい。一方が小さいときに、他方は大きい関係のこと**をいうわけです。ちなみに、僕は円周率を500ケタほど覚えています。

LESSON
10

「相関関係」を使うときは
ココに注意！

■ 拡大解釈をしてはダメ！

 先生の自由研究は正直いってドン引きでしたけど、相関関係って、何かの法則を見つけたような気分で、やってみたくなりますね。

 相関関係が見つかると、やっぱり楽しいですよね。
ただし、相関関係というのは、勘違いしやすいという危険性があります。

 勘違いしやすい？

 はい。それは「相関関係を拡大解釈してしまう」という問題です。

相関は、必ずしも因果を意味しない

 どういうことでしょう？

 先ほどの「正の相関」の例では、「国語の点数が高い人ほど、算数の点数が高い傾向がある」という話を紹介しました。これ自体は、ありそうな例ですよね。

ただ、だからといって「算数を得意にするためには国語の勉強が必要だ。算数の点数が低いから、国語を勉強しなさい」というのは、このデータからは読み取れません。つまり、このデータをもとにして「算数の点数と国語の点数は直接的な関係にある」とはいえないのです。

 えー！　そうなんですか!?

 大事なのは**相関は、必ずしも因果を意味しない**ということです。

 因果……？

 因果というのは「原因と結果の関係」のことです。言い

換えれば、「AがBを引き起こす」という関係です。

 この「必ずしも」というのがポイントなんですか？

 よく気づきましたね。
この「必ずしも」がポイントです。もちろん、因果関係があって、相関が生まれていることもあるにはあるんです。

 「学習時間と学校の成績」といった関係だとありそうですよね。勉強をすればするほど、それが原因となって学校の成績が伸びるという結果が生まれそうですから。

 そうですね。しかし、一方で「そうじゃないケース」もある、ということなんです。
次の授業では、この「相関関係の落とし穴」について考えていきましょう。

11

「相関関係」の
落とし穴とは？

▪ アイスと溺死者数に、因果関係はある？

 必ずしも、因果を意味しない相関関係……。なんだか難しいですね。

 たとえば、先ほどの算数と国語のテストの話だと、右上がりの関係になったのは、国語の学力が算数の学力を引き上げたわけでなく、単に、「勉強が好きな人は算数も国語も頑張ることが多い」だけの理由かもしれないわけです。

わかりやすい具体例をもう少し挙げてみましょう。

有名な例としてよく登場するのが、「ある地域のアイスクリームの売上」と「その地域での溺死者数」というお話です。

アイスクリームと溺死⁉

 すごい組み合わせですよね（汗）。
実際に調べると、アイスクリームの売上と、その地域での溺死者数には正の相関があることがわかります。

 そんな相関関係があるなんて……。

 いかがですか？　正の相関があるからといって、「なるほど。アイスクリームを売ると溺死が増えるから、アイスクリームを売るのはやめよう」と思うでしょうか？

 うーん……、さすがにそうはならないような……。

 それが、一般的な感覚ですよね。
当然、アイスクリームが原因となって溺死を引き起こしているわけではないからです。

 ■ アイスと溺死は、因果関係はある？

 でも、どうしてそんな相関関係が出てきたんでしょう？

このように考えることができます。

①気温が高い日は、アイスクリームが多く売れる。
②気温が高い日は、水遊びをする人が増え、それに伴い、溺死する人が増える。

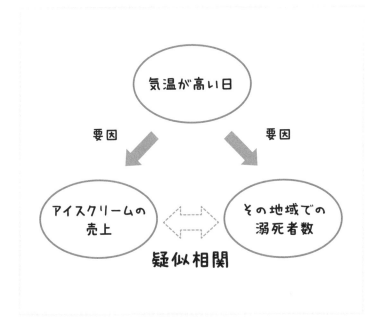

つまり、この相関関係では「互いに別の共通の要因があった」というわけなのです。そして今回、この共通した

要因とは「気温が高い」ということです。

なるほど！　はじめに正の相関があると聞いたときの違和感が解消した気がします。

このように、**共通の要因が、因果関係なしの相関を生み出す**ことがあります。これを**「擬似相関」**といいます。

こんな単純な問題なのに勘違いしてしまいそうになりました……。相関関係って、使い方を間違えると、とんでもないことになりそうですね。

その通りです。

相関関係は、一見するとすごく説得力が高いように見えます。

しかし、擬似相関の可能性に気をつけないと、大きな誤解を生んでしまうので注意が必要です。

LESSON
12

「擬似相関」を
見抜く方法

 擬似相関も相関である

 相関関係って、気軽に使おうとすると間違いの種になる
んですね……。

 そうですね。相関関係から何かを結論づけようとすると
きには、つねに「擬似相関の可能性」に気をつけなくて
はいけません。
ちなみにですが、この「擬似相関」という言葉は、「相
関が偽物」のような印象を与えるので、ネーミングセン
スとしては今ひとつだと個人的には思っています。

 相関関係自体はあるわけですからね。

 そう、相関は本物なんです。相関はある。しかし「直接

影響した結果ではない」、つまり**因果関係はない**、というだけです。

 気を付けないと……！

 特に注意したい擬似相関としては、自分たちの健康に関わることです。この場合、多くの人が騙されがちなので気をつけたいですね。

■ 携帯電話がうつ病の原因になる？

「騙されやすい相関関係もある」ということですか？

 それでは、1つ例を出しますね。
絶対に一瞬だけ勘違いをすると思います。
ある国の携帯電話の普及率と、その国のうつ病の有病率には、正の相関があります。

 えーっ！
携帯電話とうつ病に、正の相関があるんですか!?

「携帯電話が普及している国であればあるほど、うつ病の有病率が上がる」ということです。

驚きです……。

では、「うつ病を予防するために携帯電話を排除しよう」となりますか?

うっ。健康のためなら仕方ないかも……。

エリさん、さっそく早まってますよ!

えー‼

このように、健康に関わるようなデータを見せられると、多くの人が「自分がうつ病になるかもしれない。携帯電話は危ないんだ」と「勘違い」してしまう危険があるのです。

 どんなデータも、擬似相関の可能性を考える

うー。

163

擬似相関の可能性を考えてみましょう。

このデータだけで「携帯電話を持つとうつ病になりやすい」という**直接の因果関係**を言い切れますか?

 このデータだけでは不十分だ、ということなんですね。

 そうです。

相関関係を見てその結果を何かを主張するときや何かに役立てようとするとき、他の共通の要因がないかどうかを常に考えなければなりません。

▪ 擬似相関を見破る方法

 では、携帯電話とうつ病の「共通の要因」となりそうなものを考えてみましょう。

 うーん、なかなか思い浮かばないです。

 たしかに少し難しいですね。

答えとして考えられる1つが、「その国が先進国かどうか」です。

先進国かどうか……。

 一般的に、先進国であればあるほど携帯電話は普及して
いますし、精神的ストレスがかかる仕事が増えますよね。

 なるほど……。
それならたしかに携帯電話がうつ病を引き起こしていな
くても、正の相関が生まれそうです。

「相関関係を使ったウソ」に騙されるな！

▣ 過激な主張に注意

 相関って、面白い反面、怖い部分もありますね。

 そうですね。じつは、先ほどの「携帯電話とうつ病」のような擬似相関をもとに、誤った結論を主張している記事やニュースはたくさん世に出ています。SNSで変にバズっているものは特に多い印象です。

 とても身近な話ですね。

 じつは、**因果関係を示すことってとても難しいことなんです。**

166

■ 「喫煙と肺がん」ですら、証明は大変

 どうして難しいんでしょう？

 わかりやすい例で「喫煙率と肺がん」について考えてみましょう。この因果関係ですら、しっかりと示すのは難しいんです。

 たくみ先生、さすがに喫煙と肺がんには因果関係があるんじゃないんですか？

 様々な共通要因の可能性を考えなくてはなりません。たとえば、喫煙者にはお酒を飲む人も多いでしょう。そのお酒が原因かもしれないですからね。

 うわぁ……。あらゆる可能性を考えなくちゃいけないんですね……。

 「ビールを飲むと太る」というのも、経験的に正しいと思われていますが、じつはビール自体のカロリーは高くありません。ビールを飲むときに食べるおつまみが原因

167

ともいわれています。このように、2つの物事には様々な共通要因の可能性が考えられるので、1つの相関関係だけを見て因果関係を主張してはいけません。

■ 「擬似相関による勘違い」に注意！

 肺がんと喫煙で難しいなら、健康に関わることで因果関係を示すことってすごく大変そうですね。

 医学的なことは非常に多岐にわたる調査が必要なので、記事やニュースを見るときには頭の片隅に入れておくとよいと思います。
「肺がんと喫煙」の場合は多数の研究がなされていますが、「擬似相関による勘違い」というのは日常にも蔓延しているので、騙されないように注意しましょう。

 日常生活でも、擬似相関が出てくるんですか？

 たとえば「ピアノをやると学力が上がる」というのも、よくいわれていますよね。

ピアノと学力……、これも「そうだな」と思ってしまいますよね。ピアノを習っていた子って、成績が良かった記憶がありますから。

たとえば、東大生など学力が高いといわれる人たちを調査すると、たしかにピアノを習っていた人が多いんです。つまりそこには正の相関が見てとれるわけですね。

うわぁ、やっぱり！

ここで単純に「ピアノを弾くことが脳を発達させてるんだ！」と考えてはいけません。
共通要因として考えられるものとして、たとえば次のようなものがあります。

・家庭が裕福である
・習い事教室が多い地域に住んでいる

たしかに、お金があったら良い教材が手に入れられるかもしれないし、そもそもピアノが習えるような地域には

169

塾などもたくさんありそうですもんね！

その通りです。日常的な話題でも、因果関係のない相関関係というのは非常に多く登場するわけです。

相関関係って、社会問題みたいな、自分達とはあまり関係ない科目かと思っていました。
でも、ここまで身近だと、知っておかないと「擬似相関による勘違い」に騙される可能性があったんですね。

因果関係を主張することって、とても難しいんです。気軽にそういったことを主張する記事やニュースを目にしたら、しっかりと疑ってかかってくださいね！

LESSON
14

確率・統計を使えば
「神の奇跡」も見破れる!?

 ■ 確率・統計で、世界のウソを見破ろう

本書の確率・統計の授業は、これでおしまいです。いかがでしたか？

確率も統計も、日常的な話題が多くて面白かったです！擬似相関の話とかは、ちょっと怖かったですが……。

世界には、確率・統計を使ったウソというのは非常に多いので、改めて気をつけていただきたいと思いますね。

確率を使ったウソなんかもあるんですか？

もちろんあります。確率では、特に「奇跡の悪用」というやり方が多いですね。

奇跡の悪用!?　なんだか怖い響き……。

▪ 確率・統計で「神の奇跡」を計算する

 「同じ誕生日の人がいる確率」というお話をしましたが、たとえば、「親子4代、誕生日が同じ人」という例があります。

 親子4代が同じ誕生日?

 つまり、自分と、父親、祖父、曽祖父が、同じ誕生日という人です。

 いやいや、それはさすがに奇跡ですよ!

 これを割合でいえば、だいたい「5000万組に1組」の家族、確率でいえば「5000万分の1」くらいといわれています。

 やっぱり、奇跡ですよね!

 たしかに、それが自分の身に起これば、まさに奇跡とい

う感じがします。

でも世界には10億以上の家族がいます。

4世代が同じ誕生日になる確率は「5000万分の1」なので、世界に20組くらい存在してもおかしくない計算になりますね。

ちょっと信じられないです（笑）。

ちなみに、日本でも4世代が同じ誕生日の家族が登場して、2006年にギネスに認定されています。アメリカでは、4代続けて7月4日の独立記念日に生まれた家族もいるそうです。

本当にいるんですね（驚）。

低い確率でも、数をこなせば必然的に起こる

当事者にとっては、やはり奇跡に感じますよね。でも、確率を計算してみると「いないほうがおかしい」ということもあるわけです。

計算をすると「起こらないほうがおかしい」となるわけですね。

 エリさんがたまたまそういう家系だったとして、「あなたたちには特別な呪いがかけられているかもしれません。お祓いをしないと不幸になります」と声をかけられたら、騙されてしまうかもしれません。

 私なら信じちゃいそうです！　変なツボとか買わされそう（笑）。

 そういうふうに悪用する人たちというのは、よく耳にします。**「確率が低いことは、起きないわけではない」**、つまり低い確率でも、数を重ねれば必然的に起きます。

 低い確率でも、数で勝負すれば必ず起きる……。

 このような確率・統計の知識を、そのまま実際にビジネスで使うことは難しいかもしれません。
でも、このような「確率・統計に関わる話題」を見聞きした場合に、正しい情報を見極めることに役立てることはできます。

ちょっとした相関関係を持ってきて、過激なことをいわれたら、眉に唾をつけて聞け、ということですね。

その通りです。ネットの発達もあって、私たちの周りには膨大な情報が飛び交っています。その中には、このような確率・統計を利用した「ウソ」が、非常に多く存在します。

ネットニュースを見ると、たしかに「○○をする人は▲▲だ」という記事がたくさん出てきますよね。

そうした記事のほとんどが、統計学の先生たちに怒られるような、いい加減な内容ばかりです。

このような時代だからこそ「相関関係と因果関係の違い」に注意して、本書で紹介した「確率・統計の基礎知識」を活用していただけたらと思います。

著者紹介

ヨビノリたくみ

東京大学大学院卒業。博士課程進学とともに6年続けた予備校講師をやめ、科学のアウトリーチ活動の一環としてYouTubeチャンネル「ヨビノリ」の創設を決意。学生時代は理論物理学を専攻しており、学部では「物理化学」を、大学院では「生物物理」を研究。大学レベルの数学、物理を主とした理系科目の授業動画を配信しているYouTubeチャンネル『予備校のノリで学ぶ「大学の数学・物理」』（略称：ヨビノリ）は、チャンネル登録者数58万人を突破。累計再生回数も8500万回を突破している。著書に『難しい数式はまったくわかりませんが、微分積分を教えてください！』『難しい数式はまったくわかりませんが、相対性理論を教えてください！』（以上、小社刊）、『予備校のノリで学ぶ大学数学』『予備校のノリで学ぶ線形代数』（以上、東京図書）などがある。

難しい数式はまったくわかりませんが、確率・統計を教えてください！

2021年1月24日　初版第1刷発行

著　者	ヨビノリたくみ
発 行 者	小川 淳
発 行 所	SBクリエイティブ株式会社
	〒106-0032　東京都港区六本木2-4-5
	電話：03-5549-1201（営業部）
装　丁	喜來詩織（entotsu）
本文デザイン・DTP	荒木香樹
本文イラスト	和全（Studio Wazen）
編集協力	野村 光
編集担当	鯨岡純一（SBクリエイティブ）
印刷・製本	三松堂株式会社

本書をお読みになったご意見・ご感想を
下記URL、QRコードよりお寄せください。

https://isbn2.sbcr.jp/07999/